四川省工程建设地方标准

建筑施工塔式起重机及施工升降机报废标准

DBJ51/T 026 – 2014

The Standard for Construction Tower Cranes and
Builder's Hoists to be Scrapped

主编单位： 四 川 省 建 筑 科 学 研 究 院
四 川 省 建 筑 工 程 质 量 检 测 中 心
批准部门： 四 川 省 住 房 和 城 乡 建 设 厅
施行日期： ２ ０ １ ４ 年 ６ 月 １ 日

西南交通大学出

2014 成 都

图书在版编目（CIP）数据

建筑施工塔式起重机及施工升降机报废标准 / 四川省建筑科学研究院，四川省建筑工程质量检测中心编著. 一成都：西南交通大学出版社，2014.8
ISBN 978-7-5643-3297-6

Ⅰ.①建… Ⅱ.①四… ②四… Ⅲ.①建筑机械－塔式起重机－报废－标准②建筑机械－升降机－报废－标准 Ⅳ.①TH21

中国版本图书馆 CIP 数据核字（2014）第 197738 号

建筑施工塔式起重机及施工升降机报废标准

主编单位　四川省建筑科学研究院
　　　　　四川省建筑工程质量检测中心

责　任　编　辑	张　波
封　面　设　计	原谋书装
出　版　发　行	西南交通大学出版社
	（四川省成都市金牛区交大路 146 号）
发　行　部　电　话	028-87600564　028-87600533
邮　政　编　码	610031
网　　　　址	http://press.swjtu.edu.cn
印　　　　刷	成都蜀通印务有限责任公司
成　品　尺　寸	140 mm×203 mm
印　　　　张	1
字　　　　数	23 千字
版　　　　次	2014 年 8 月第 1 版
印　　　　次	2014 年 8 月第 1 次
书　　　　号	ISBN 978-7-5643-3297-6
定　　　　价	20.00 元

关于发布四川省工程建设地方标准
《建筑施工塔式起重机及施工升降机报废标准》
的通知

川建标发〔2014〕150 号

各市州及扩权试点县住房城乡建设行政主管部门，各有关单位：

由四川省建筑科学研究院、四川省建筑工程质量检测中心主编的《建筑施工塔式起重机及施工升降机报废标准》，已经我厅组织专家审查通过，现批准为四川省推荐性工程建设地方标准，编号为：DBJ51/T 026—2014，自 2014 年 6 月 1 日起在全省实施。

该标准由四川省住房和城乡建设厅负责管理，四川省建筑科学研究院负责技术内容解释。

四川省住房和城乡建设厅

2014 年 3 月 18 日

前　言

根据四川省住房和城乡建设厅《关于下达四川省工程建设地方标准〈建筑施工塔式起重机及施工升降机报废标准〉编制计划的通知》（川建标发〔2013〕4号）文的要求，由四川省建筑科学研究院、四川省建筑工程质量检测中心会同有关单位编制木标准。

本标准在编制过程中，进行了较广泛的调查研究，在认真总结实践经验，广泛征求各方面意见的基础上，依据国家、行业相关标准、规范的要求，完成定审稿。

本标准分为五章：总则、术语、塔式起重机、施工升降机、报废建筑施工塔式起重机及施工升降机部（构）件的处置。

本标准由四川省住房和城乡建设厅负责管理，四川省建筑科学研究院负责解释。

本标准在执行过程中，请各单位注意总结经验，及时将有关意见和建议反馈给四川省建筑科学研究院（地址：成都市一环路北三段55号；电话、传真：028-83344612；邮编：610081；Email：et_sibr@126.com），供今后修订时参考。

本标准主编单位、参编单位和主要起草人、主要审查人：

主编单位：四川省建筑科学研究院
　　　　　四川省建筑工程质量检测中心

参编单位：四川省建设工程质量安全监督总站
　　　　　四川省建筑业协会设备材料和防水工程分会

四川中兴机械制造有限公司

主要起草人：陈述清　罗　焱　田建国　王　圣
　　　　　　王　鹏　余　波　雷金虎　席德淼
　　　　　　李剑波　赵　毅　林　华　肖　军
　　　　　　林　东　黄天河　牟　华　邓　莉
主要审查人：王庆明　钱　显　王晓平　陈泽松
　　　　　　孙跃红　许志沛　贺　宁

目　次

Contents

Contents

1 总 则

1.0.1 为科学地保障建筑施工塔式起重机及施工升降机安全、经济使用，防止和减少由于结构强度和疲劳引起的事故发生，特制定本标准。

1.0.2 本标准适用于四川省内的建筑用塔式起重机、施工升降机的报废管理。

1.0.3 建筑施工塔式起重机及施工升降机的报废，除应符合本标准外，尚应符合国家、行业及使用说明书规定的报废年限。

1.0.4 建筑施工现场用龙门架及井架物料提升机、高处作业吊篮的报废，可参照"SS"型施工升降机的报废规定执行。

2 术 语

2.0.1 塔式起重机及施工升降机的使用年限 service life for tower cranes or builder's Hoists

自出厂之日起到报废停止使用的时间。使用年限由塔式起重机及施工升降机金属结构的使用寿命决定。使用年限包括安全性鉴定后的允许使用年限。

2.0.2 塔式起重机及施工升降机的整机报废 whole set scrapping for tower cranes or builder's Hoists

塔式起重机及施工升降机到达使用年限或在使用年限内，各主要金属结构件发生强度、疲劳破坏，不能修复或丧失整体稳定性，应整体报废。

2.0.3 塔式起重机及施工升降机主要金属结构件 main metal components of tower cranes or builder's Hoists

塔式起重机的主要金属结构件包括：塔身基础节、标准节、上支座、下支座、顶升套架、过渡节、起重臂及拉杆组、平衡臂及拉杆组、塔帽等。施工升降机的主要金属结构件包括：底架、导轨架、天轮架、吊笼、驱动板等。

2.0.4 塔式起重机及施工升降机主要金属结构件失稳 instability of main components of tower cranes or builder's Hoists

塔式起重机及施工升降机主要金属结构件在载荷引起的轴向压力和弯矩作用下丧失稳定性。

2.0.5 塔式起重机及施工升降机构件报废 scrapping of components of tower cranes or builder's Hoists

指主要金属结构件损坏或局部失稳导致该构件丧失承载能力且不能修复或无修复价值。

2.0.6 计算应力 theoretical stress

塔式起重机主要受力构件被校核截面，在计算载荷作用下，经理论计算得到的最大应力值。

3 塔式起重机

3.1 塔式起重机整机报废条件

3.1.1 塔式起重机整机使用年限，由塔式起重机金属结构件使用寿命决定。达到下列条件之一时，塔式起重机应及时报废，并向注册备案登记部门办理注销手续。

1 达到报废年限；

2 国家、行业和省有关部门明令淘汰的型号及类型；

3 经法定塔式起重机鉴定单位，按《在用建筑塔式起重机安全性鉴定标准》DB51/T 5063 鉴定后，结论意见为报废的塔式起重机。

4 发生过倾覆事故或相关部门认定存在重大质量安全隐患的塔式起重机。

3.1.2 塔式起重机的使用年限不得超过以下规定：

1 公称起重力矩 630 kN·m 及以下（含 630 kN·m）级别的塔式起重机，需进行安全性鉴定的年限不得超过 8 年，使用年限 10 年。

2 公称起重力矩 630 kN·m ~ 1 250 kN·m（含 1 250 kN·m）级别的塔式起重机，需进行安全性鉴定的年限不得超过 10 年，使用年限 15 年。

3 公称起重力矩 1 250 kN·m ~ 2 500 kN·m（含 2 500 kN·m）级别的塔式起重机，需进行安全性鉴定的年限不得超过 12 年，使用年限 18 年。

4 公称起重力矩大于 2 500 kN·m 级别的塔式起重机，需进行安全性鉴定的年限 14 年，使用年限不得超过 20 年。

3.1.3 凡使用说明书规定的使用年限短于本标准 3.1.2 条规定的，按使用说明书规定的报废年限执行。

3.1.4 凡使用说明书未规定使用年限或规定整机使用年限长于本标准 3.1.2 条规定的，按本标准 3.1.2 条规定的报废年限执行。

3.1.5 对于超过使用年限的塔式起重机，如果延期使用，应由具有法定资质的检测鉴定机构，按《在用建筑塔式起重机安全性鉴定标准》DB51/T 5063 鉴定合格后，依据鉴定报告的结论意见，可延长塔式起重机的使用年限，但不得超过 2 年。

3.2 塔式起重机主要金属结构件报废、修复、更换条件

3.2.1 塔式起重机主要承载金属结构件由于腐蚀或磨损而使结构的计算应力提高，当超过原计算应力的 15%时应予报废；对无计算条件的，当腐蚀或磨损深度达原厚度的 10%时应予报废。

3.2.2 塔式起重机主要金属结构件发生整体失稳时应报废。

3.2.3 按《在用建筑塔式起重机安全性鉴定标准》DB51/T 5063 鉴定后，结论意见为建议报废的金属结构件应报废。

3.2.4 按《在用建筑塔式起重机安全性鉴定标准》DB51/T 5063 鉴定后，应修复或更换的构件，必须修复或更换，并经原鉴定机构认可。

3.2.5 塔式起重机主要金属结构件同一部位的焊接修复次数不得超过 2 次。

3.2.6 塔式起重机金属结构件的修复必须由具有相应资质的单位完成。更换的结构件应采用原制造单位的同型号构件。修复更换后需经修复单位检测合格。由完成该项工作的单位在验收合格后 5 日内将相关技术资料移交产权单位，存入该塔式起重机安全技术档案备查。

4 施工升降机

4.1 施工升降机整机报废条件

4.1.1 施工升降机达到下列条件之一时，应及时报废，并向注册备案登记部门办理注销手续。

1 达到使用年限；

2 国家、行业和省有关部门明令淘汰的型号及类型；

3 经法定鉴定单位，参照《在用建筑塔式起重机安全性鉴定标准》DB51/T 5063 鉴定后，结论意见为报废的施工升降机；

4 发生过倾覆事故或相关部门认定存在重大质量安全隐患的施工升降机。

4.1.2 施工升降机的使用年限规定如下：

1 SC 型施工升降机使用年限不得超过 8 年；

2 SS 型施工升降机使用年限不得超过 5 年。

4.1.3 凡使用说明书规定的整机使用年限短于本标准4.1.2条规定的，应按使用说明书规定的报废年限执行。

4.1.4 凡使用说明书未规定整机使用年限或规定整机使用年限长于本标准4.1.2条规定的，应按本标准4.1.2条规定的报废年限执行。

4.1.5 对于超过使用年限的施工升降机，如果延期使用，应由具有相关资质的检测鉴定机构，参照《在用建筑塔式起重机安全性鉴定标准》DB51/T 5063 鉴定合格后，依据鉴定报告的结论意见，可延长施工升降机的使用年限，但不得超过2年。

4.2 施工升降机主要金属结构件报废、修复、更换条件

4.2.1 施工升降机主要金属结构件由于磨损或锈蚀，达到以下条件之一时应报废：

    1 主要结构件（除标准节立管外）磨损或腐蚀深度达原厚度的10%时；

    2 标准节立管壁厚腐蚀和磨损最大减少量为出厂厚度的25%时；

    3 齿轮、齿条的磨损量超过使用说明书规定值时。

4.2.2 施工升降机主要金属结构件发生整体失稳时应报废。

4.2.3 施工升降机的防坠安全器壳体有裂纹或自出厂之日起满5年，该防坠安全器应报废。

4.2.4 参照《在用建筑塔式起重机安全性鉴定标准》DB51/T5063鉴定后，需要报废的金属结构件应报废。

4.2.5 参照《在用建筑塔式起重机安全性鉴定标准》DB51/T 5063鉴定，应修复或更换的构件，必须修复或更换，并经原鉴定机构认可。

4.2.6 施工升降机主要金属结构件同一部位的焊接修复次数不得超过2次。

4.2.7 施工升降机金属结构件的修复必须由具有相应资质的单位完成。更换的结构件应采用原制造单位的同型号构件。修复更换后需经修复单位检测合格，由完成该项工作的单位在验收合格后5日内将相关技术资料移交产权单位，存入该施工升降机安全技术档案备查。

5 报废建筑施工塔式起重机及施工升降机部（构）件处置

5.0.1 报废的塔式起重机及施工升降机整机及其部（构）件严禁重新使用或拼装使用。塔式起重机及施工升降机产权单位必须将报废的塔式起重机及施工升降机的金属结构件解体后，按废旧金属处理。

本标准用词说明

1 为便于在执行本标准条文时区别对待，对要求严格程度不同的用词，说明如下：

1）表示很严格，非这样做不可的用词：

正面词采用"必须"；反面词采用"严禁"。

2）表示严格，在正常情况下均应这样做的用词：

正面词采用"应"；反面词采用"不应"或"不得"。

3）表示允许稍有选择，在条件许可时首先应这样做的用词：

正面词采用"宜"；反面词采用"不宜"。

4）表示允许有选择，在一定条件下可以这样做的，采用"可"。

2 本标准条文中指明应按其他有关标准和规定执行的写法为："应符合……规定（或要求）"或"应按……执行"。非必须按指定的标准和其他规定执行的写法为："可参照……的规定（或要求）"。

引用标准名录

1 《塔式起重机安全规程》GB 5144
2 《塔式起重机》GB/T 5031
3 《塔式起重机设计规范》GB/T 13752
4 《起重机设计规范》GB 3811
5 《起重机械安全规程》GB 6067
6 《施工升降机》GB/T 10054
7 《施工升降机安全规程》GB 10055
8 《吊笼有垂直导向的人货两用施工升降机》GB 26557
9 《施工升降机齿轮锥鼓形渐进式防坠安全器》JG 121

四川省工程建设地方标准

建筑施工塔式起重机及施工升降机报废标准

The Standard for Construction Tower Cranes
and Builder's Hoists to be Scrapped

DBJ 51 /T 026 – 2014

条 文 说 明

目　次

14

1 总　则

1.0.1　由于国民经济建设速度的加快，塔式起重机的使用状态（载荷谱）与以前相比发生了很大的变化，塔式起重机的满载率不断提高（满载率包括两个方面：一方面是载荷的满载率；另一方面是使用时间的满载率即频繁程度），事故时有发生。因为塔式起重机、施工升降机这些特殊的起重设备，不可能用到倒塌才报废，因此，为保障塔式起重机、施工开降机的安全使用，有必要制定塔式起重机及施工升降机的报废标准。在充分调查研究和实践经验总结的基础上制定了本标准。

1.0.4　龙门架提升机实际上是一种特殊的 SS 型施工升降机，这类施工机械，按 SS 型施工升降机的使用年限处理是合理的。高处作业吊篮结构为薄壁杆件制成，参照"SS"型施工升降机报废也是合理的。

3 塔式起重机

3.1 塔式起重机整机报废条件

3.1.1～3.1.2 塔式起重机安全工作的寿命主要取决于金属结构的强度和疲劳寿命。根据《塔式起重机设计规范》GB/T 13752，塔式起重机的金属结构应进行疲劳校核（GB/T 13752—92 中 5.1 节）。但目前正在服役的一些塔式起重机在设计时没有考虑金属结构的疲劳寿命，使用说明书也没有做出规定。经过调查发现，建筑工地上各种型号级别的塔式起重机使用频率（循环次数）大致差不多。但是，由于塔式起重机型号、级别不同，载荷满载率各不相同。因此，按级别将建筑施工塔式起重机分为 4 个档次来确定使用年限。

1 630 kN·m 及以下（含 630 kN·m）级别的塔式起重机，使用中载荷满载率最高，长期处于高应力水平下工作，小规格塔式起重机容易超载，使用的载荷满载率几乎接近 100%。所以按《塔式起重机安全规程》GB 5144—2006 规定的 1.25×10^5 次工作循环来确定须安全性鉴定的年限是合适的（因为在 GB 5144—2006 制定时，基本上建筑工地上还很少有 630 kN·m 及以上的塔式起重机。所以，630 kN·m 及以下塔式起重机的使用年限适合于 GB 5144—2006 规定的循环次数）。按调查的使用频率计算，适合于 8 年进行安全性鉴定，10 年报废。

2 630 kN·m ~ 1 250 kN·m（含 1 250 kN·m）的建筑施工塔式起重机，使用中的载荷（吊重）满载率一般比额定载荷少 20%左右，所以，在 1.25×10^5 次工作循环的基础上增加 20%的循环次数。按调查的使用频率计算，10 年进行安全性鉴定，15 年报废。

3 1 250 kN·m ~ 2 500 kN·m（含 2 500 kN·m）级别的建筑施工塔式起重机，当时制定《在用建筑塔式起重机安全性鉴定标准》DB51/T 5063 时，我省建筑工地上几乎没有这种级别的塔式起重机，因此，那时制定的塔式起重机安全性鉴定年限为 8 年，但现在对 1 250 kN·m ~ 2 500 kN·m（含 2 500 kN·m）这种大级别的建筑施工塔式起重机安全性鉴定年限定为 8 年显然不合适。经调查，使用中的载荷（吊重）满载率一般要比额定值少 50%左右，因此，在 1.25×10^5 次工作循环的基础上增加 50%的工作循环。按调查的使用频率计算，这一档塔式起重机 12 年进行安全性鉴定，18 年报废。

4 2 500 kN·m 以上的塔式起重机，现阶段在建筑施工工地上使用非常少。由于起重能力强，在建筑工地上使用时载荷满载率很低（经调查，载荷一般在额定载荷的 20%左右）。因此，在 1.25×10^5 次工作循环的基础上增加 80%的工作循环。按调查的使用频率计算，这一档塔式起重机 14 年进行安全性鉴定，20 年报废。

3.1.3 ~ 3.1.4 目前建筑工地使用的塔式起重机的使用说明书，基本上都没有规定塔式起重机的寿命年限，如果以后有说明书规定使用年限，可按本条执行。

3.1.5 为了减少浪费，特制订此条。塔式起重机规格多，制造厂的工艺水平、材料性能、制造质量差别很大。而材料性能、部件制造工艺过程、设计方法的优劣、使用环境条件等，都会影响到产品结构强度和疲劳寿命。因此，对于质量好、保养好的塔式起重机经具备资质的鉴定机构鉴定合格，允许按鉴定单位的意见继续使用。

3.2 塔式起重机主要金属结构件报废、修复、更换条件

3.2.1 ~ 3.2.2 这两条规定参照《塔式起重机安全规程》GB 5144 制定。

3.2.6 本条所指"塔式起重机金属结构件的修复必须由具有相应资质的单位完成"，是指获得塔式起重机相应型号制造许可证的单位，才能承担塔式起重机金属结构件的修复业务。目前塔式起重机结构维修单位水平良莠不齐，为保障金属结构更换件的质量及使用性能，根据中华人民共和国建设部令第166号的精神，规定需更换的主要金属结构件应采用原制造厂同型号的构件。

4 施工升降机

4.1 施工升降机整机报废条件

4.1.2 根据《吊笼有垂直导向的人货两用施工升降机》GB 26557 规定，所有的承载件和连接件应进行疲劳分析，载人施工升降机运动的次数为 1.6×10^5 次工作循环。按我省施工现场调查的使用频率计算，施工升降机使用 8 年就已达到 1.6×10^5 次工作循环。因此，规定 SC 型施工升降机使用 8 年报废。目前建筑施工工地 SS 型施工升降机比较少见，报废年限 5 年是参照其他省的规定制订的。龙门架提升机实际上是一种特殊的 SS 型施工升降机，这类施工机械，应该按 SS 型施工升降机的使用年限处理。

4.1.3～4.1.4 目前建筑工地使用的施工升降机的使用说明书，基本上都没有规定施工升降机的寿命年限，以后如果有使用说明书规定，可按本条执行。

4.1.5 为了减少浪费，特制订此条。对于施工升降机，制造厂的工艺水平、材料性能、制造质量差别很大。而材料性能、部件制造工艺过程、设计方法的优劣、使用环境条件等，都会影响到产品结构的强度和疲劳寿命。因此，对于质量好、保养好的施工升降机，经具备资质的鉴定机构鉴定合格，允许按鉴定单位的意见继续使用。

4.2 施工升降机主要金属结构件报废、修复、更换条件

4.2.1~4.2.2 这两条规定参照《施工升降机》GB/T 10054 及《塔式起重机安全规程》GB 5144 制定。

4.2.3 该条参照《施工升降机齿轮锥鼓形渐进式防坠安全器》JG121 制订。

4.2.7 本条所指"施工升降机金属结构件的修复必须由具有相应资质的单位完成",是指获得施工升降机相应型号制造许可证的单位才能承担施工升降机主要金属结构件的修复业务。目前施工升降机结构维修单位水平良莠不齐,为保障金属结构的更换的质量及使用性能,根据中华人民共和国建设部令第 166 号的精神,规定需更换的主要金属结构件应采用原制造厂同型号的构件。

5 报废建筑施工塔式起重机及施工升降机部（构）件处置

5.0.1 为了防止报废的塔式起重机及施工升降机部(构）件重新使用或拼装使用，本标准强调塔式起重机及施工升降机报废后的部件只能作为废品、废钢铁处理。